作物常见缺素症状系列图谱

全国农业技术推广服务中心
华 中 农 业 大 学 组织编写

柑橘常见缺素症状图谱及矫正技术

鲁剑巍 李 荣 等 编著

中国农业出版社

内容提要

本书针对当前我国柑橘生产中普遍存在的土壤养分缺乏而影响柑橘产业发展的问题，系统而又概括地介绍了柑橘生长发育必需营养元素氮、磷、钾、钙、镁、硫、铁、锰、锌、硼和钼缺乏的原因、缺素症状及矫正施肥技术，特别精选50幅清晰度高、症状典型的柑橘缺素症状图片，形象直观地展示各种养分的缺素症状，便于查看和对比，为柑橘科学施肥提供指导。

本书针对性强、实用价值高、操作性强，可供各级农业技术推广部门、肥料生产企业、土壤和肥料科研教学部门的科技人员、管理干部、肥料生产和经销人员、柑橘种植户阅读和参考。

《作物常见缺素症状系列图谱》丛书编委会

主　任：栗铁申

副主任：鲁剑巍　李　荣

编　委：杨　帆　孙　钊　王　筝　崔　勇　董　燕

《柑橘常见缺素症状图谱及矫正技术》编委会

主　　编：鲁剑巍　李　荣

编著人员：鲁剑巍　李　荣　陈　防　孙　钊　姜存仓
王　筝　杨　帆　崔　勇　董　燕

序言

肥料是作物的粮食，科学施肥是农业生产实践活动中最重要的内容之一。随着现代化农业的发展，肥料在农业增产和农民增收中的作用越来越大，国内外经验证明，作物增产的各项措施中施肥所起的作用在40%以上。为此，国家对科学施肥工作给予了前所未有的重视。从2005年开始，农业部在全国范围内组织开展了测土配方施肥行动，各级政府在政策和资金上给予了大力支持，全国的土壤肥料技术部门做了大量卓有成效的工作，加强了对广大农民科学施肥的指导，提高了肥料的利用率，降低了不合理施肥造成的污染和浪费，为农民节本增收和我国农业的可持续发展提供了技术保障。

为配合测土配方施肥项目的深入开展，满足广大用户对科学施肥技术的需求，全国农业技术推广服务中心与华中农业大学共同组织编写了《作物常见缺素症状系列图谱》丛书。该丛书针对我国农业生产实际，以主要的农作物为主，以图文并茂的形式，将农作物经常发生的缺素症状和矫正技术用浅显的语言、直观的图片进行描述，具有很强的可视性、可读性和针对性，特别适合广大农民和基层农技人员在实际生产中参考。

本套丛书是对测土配方施肥工作的有益补充，是我国科学施肥技术成果的具体体现。我相信，这套丛书的出版对普及科学施肥技术、提高广大农民的科学施肥水平、促进农业生产必将产生深远的影响。

2010年5月25日

前　言

  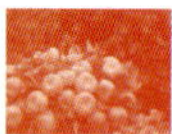

养分是植物生长的基础，肥料是作物的粮食，科学合理施用肥料是农业生产活动中最重要的内容之一。随着现代化农业的发展，肥料在农业增产和农民增收中的作用越来越大，国内外经验证明，作物增产的各项措施中施肥所起的作用占40%～60%。由于耕地面积的刚性减少和人口持续增加的双重压力，为了解决人类生活的温饱问题并向小康和富裕迈进，单位面积的作物产量需要不断提高，高产作物从田地里就会不断地带走大量的养分，而由于农业生产中养分投入不足和施肥的不科学，加上科学研究和技术推广的滞后以及农业科技知识普及不力，目前我国农业生产中养分施用不平衡、比例失调及盲目施肥等现象仍时常发生，由此导致农作物产量和品质降低，施肥效益下降，耕地质量退化，农作物病虫害普遍发生，大量氮、磷流失造成农业面源污染加剧，部分地区生态环境恶化，严重制约着农业生产的持续发展。为此，国家对科学施肥工作给予了前所未有的重视，2005年起在全国范围内组织开展测土配方施肥工作，在政策和资金上对土壤肥料的科学研究和技术推广工作进行大力支持和投入，要求加强对农民合理施肥的指导，提高肥料利用率，降低污染，为农业生产的持续发展提供技术保障。这对推动我国科学施肥工作，促进农业科技进步，提高农业综合生产能力具有重大的意义。

作物正常生长发育需要吸收各种必需营养元素，如果生长期间缺乏某种养分，往往会在形态上表现出某些特有的缺素症，这是由于营养的缺乏引起代谢紊乱所导致的不正常生育现象。从广义上讲，缺素症包括苗期的死苗、植株矮化、各生育阶段出现特殊叶片症状（大小、颜色、平展或皱缩等）、生育与成熟推迟、产量降低和品质低劣等等。每种症状均与该元素所涉及的某些生理功能有关，由于各元素生理功能不同，形成的形态症状也不同。例如，铁、镁、锰、锌、铜等直接、间接与叶绿素形成或光合作用有关，缺乏时一般都出现失绿；而如磷、硼等和糖的转运有关，缺乏时糖类容易在叶片中滞留，有利于花青素的形成而使茎叶带有紫红色泽；硼和开花结实有关，缺乏时花粉、花粉管发育受阻，不能正常受精，出现“花而不实”；而新组织如生长点萎缩、死亡，则与缺乏同细胞膜形成有关的元素钙、硼有关；畸形小叶——“小叶病”是因为缺锌导致生长素形成不足所致。同时，元素在植物体内移动性不同，症状出现的部位也就不同，容易移动的元素如氮、磷、钾、镁等，在植物体内呈现不足时，它们会从老组织移向新生组织，因而缺乏症最初总是在老组织上出现；相反，一些不易移动的元素如铁、硼、钙等的缺乏，则常常从新生组织开始。由此可见，作物的缺素症状是作物内部营养状况失调的外部反映，因此可以从作物外部形态上直观地检查出来，同时，它在一定程度上反映了土壤中某种养分的亏缺情况，能人为地诊断施肥。由于作物种类的差异和植物代谢过程的复杂性，不同生态区域的土壤养分状况及气候条件的差异，不同作物缺乏某种营养元素的外部症状不一定完全相同，因此对不同作物的缺素症状要分别了解和区别对待。在生产中，必须及早发现和防治营养失调所引起的生理病害，以使作物高产优质。科学施肥服务中开展的作物营养诊断技术，是以作物缺素的外部形态特征为基础，为科学施肥提供服务的一种方法，它是目前我国测土配方施肥工作的重要组成部分。需要指出的是，作物缺素的形态症状总是滞后于生长所受影响，况且作物遭受一定程度的缺素往往在形态上并不表现出症状，而产量已受到严重影响。所以，在生产实践中，应该结合土壤养分测试和肥料试验结果确定作物是否缺素，以弥补形态诊断的不足。尽管如此，了解和熟悉作物外部形态的变化，可作为提供作物施肥实践的重要依据。基于以上基本原理，世界各国土壤肥料工作者均非常重视作物营养缺乏的症状和相应矫正技术研究，并在生产中广泛应用。

然而，针对我国生产实际的不同作物常见缺素症状图谱仍然缺乏，市面上的一些材料大多是翻印国外图片，很多我国目前种植的作物缺素症状图谱难以寻觅，到目前为止，我们还缺少一套针对我国农业生产实际、以单个作物生产为主线、方便实用的作物缺素症状图谱。在上述背景下，为了更好地为测土配方施肥工作提供技术支撑，提高科学施肥技术到位率和应用率，在农业部有关部门的领导和支持下，全国农业技术推广服务中心和华中农业大学组织有关专家编写了《作物常见缺素症状系列图谱》丛书，丛书由中国农业出版社出版发行。

与以往一些类似的图书编排方法不同，为了更加突出实用性和系统性，本套丛书以作物为主线，作物类型包括主要粮食、油料、纤维、果树、蔬菜、烟、茶等。丛书第一个特点是每种主要作物单独成册，各册的主要内容包括相应常见缺素症状图、缺素症状说明和矫正施肥技术。第二个特点是精选的缺素症状图片症状典型、清晰度高，大部分图片是近年来测土配方施肥工作和有关科研项目的最新成果，直观性和时效性强。第三个特点是全书为彩色印刷，便于读者查看和对比，为田间作物科学施肥提供指导。本丛书的针对性强、实用价值高、可操作性强，适合各级农业推广部门、肥料生产企业、土壤和肥料科研教学部门及从事测土配方施肥技术推广的各级技术人员、肥料经销人员、农村合作组织和农业种植户阅读参考。也可作为相关大专院校教学的参考资料书。

丛书中的图片除大部分由编著者提供外，国内外其他学者也提供了不少精美图片，除极少数无法确认来源的图片外，在每幅图片下方均注明了提供者姓名，以示谢意。同时本丛书的文字说明及施肥技术部分吸收和借鉴了国内外其他学者及专家的有关著作和论文中的相关内容，由于篇幅所限不一一注明出处，在此谨致深深的谢意。

鲁剑巍

2010年3月8日

目　录   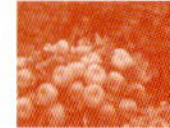

一、柑橘生产概述

分布区域

我国是柑橘的重要原产地之一，柑橘种质资源丰富，优良品种繁多，有4 000多年的栽培历史。我国柑橘分布在北纬16°～37°之间，南起海南省的三亚市，北至陕、甘、豫，东起台湾省，西到西藏的雅鲁藏布江河谷。但我国柑橘的经济栽培区主要集中在北纬20°～33°之间，海拔700～1 000米以下。全国生产柑橘包括台湾省在内有19个省（直辖市、自治区）。其中主产柑橘的有浙江、福建、湖南、四川、广西、湖北、广东、江西、重庆和台湾等10个省（直辖市、自治区），其次是上海、贵州、云

注：亩为非法定计量单位，为方便阅读，本书仍采用亩作为面积单位，1亩＝1/15公顷≈667米^2。

南、江苏等省（直辖市），陕西、河南、海南、安徽和甘肃等省也有种植。

目前，柑橘是我国第二大水果，面积和产量在全球分别排名第一和第三。

栽培意义

柑橘果实营养丰富，色香味兼优，既可鲜食，又可加工成以果汁为主的各种制品。柑橘产量居百果之首，柑橘汁占果汁的3/4，广受消费者的青睐。据分析，柑橘每100克的可食部分中，含核黄素0.05毫克、尼克酸0.3毫克、抗坏血酸（维生素C）16毫克、蛋白质0.9克、脂肪0.1克、糖12克、粗纤维0.2克、无机盐0.4克、钙26毫克、磷15毫克、铁0.2毫克、热量221.9焦耳。柑橘中的胡萝卜素（维生素A原）含量仅次于杏，比其他水果都高。柑橘还含多种维生素，此外，还含镁、硫、钠、氯和硅等元素。

柑橘树生长时间长、丰产、稳产、经济效益高，是我国南方果树中最主要的树种，对果农脱贫致富、农村经济发展起着重大的作用。

栽培特点

柑橘树生长发育、开花结果与温度、日照、水分（湿度）、土壤以及风、海拔、地形和坡向等环境条件紧密相关。

这些条件中影响最大的是温度。柑橘生长发育要求温度以12.5～37℃为宜，秋季花芽分化要求昼夜温度分别为20℃左右和10℃左右，根系生长的土温与地上部大致相同。过低的温度会使柑橘受冻，甜橙−4℃，温州蜜柑−5℃时会使枝叶受冻，甜橙−5℃以下，温州蜜柑−6℃以下会冻伤大枝和枝干，甜橙−6.5℃以下，温州蜜柑−9℃以下会使植株冻死。高温也不利于柑橘的生长发育，气温、土温高于37℃时，果实和根系停止生长。温度对果实品质的影响也很明显，在一定温度范围内，通常随温度增高糖含量、可溶性固形物增加，酸含量下降，品质变好。

柑橘是耐阴性较强的树种，但要优质、丰产仍需好的日照。一般年日照时数1 200～2 200小时的地区均能正常生长。如日照好、热量丰富的华南与日照少的重庆柑橘产区相比，果实糖含量高，酸含量低，糖酸比高。

年降水量1 000毫米左右的热带、亚热带区域都适宜柑橘种植，但由于年降水量分布不均，常常需要灌溉。土壤的相对含水量以60%～80%为适宜，低于60%则需灌水，雨水过多，造成土壤积水或地下水位高、排水不良的柑橘果园，会使根系死亡。柑橘树要求空气相对湿度以75%左右为宜。

柑橘对土壤的适应范围较广，紫色土、红黄壤、沙滩和海涂，pH为4.5～8，柑橘均可生长，但以pH5.5～6.5

为最适宜。柑橘根系生长要求较高的含氧量，以土壤质地疏松，结构良好，有机质含量2%～3%，排水良好的土壤最适宜。

营养与施肥

养分是作物的粮食。柑橘树的生长发育和结果需要各种必需营养元素，它们直接参与组成植物有机物质，其中多数本身就是品质成分。尽管提高作物产量、改进作物品质主要依靠品种选育和改善栽培条件来实现，但植物营养与施肥是影响作物产量和品质的重要因素。研究表明，施肥对农作物产量、品质有着深刻的影响，当然，施肥并不总是产生正效果，不合理施肥会导致品质变劣，因此，施肥对产量、品质的这种双重性使得优质、高产的施肥技术及植物营养特性研究更显重要。大量的试验和生产实践证实，施肥是橘园管理的重要环节，是果园丰产、稳产的物质基础。合理施肥是促进高产、优质、低成本果园生产的关键。

田间养分管理措施会对柑橘营养产生深远的影响。大量的研究表明，凡实行合理农业总体管理措施的柑橘园，可以明显地促进土壤熟化的进程，改善土壤肥力，并提供柑橘植株正常生长结果所需的各种养分。我国柑橘园多为丘陵山地，在土壤管理过程中，应依据各地的立地条件和栽培特点，采取相应的培肥措施，特别要注意合理施肥环节，以确保柑橘园土壤肥力综合性状（包括理化、生物、生化等）保持良好水平，为柑橘的高产、稳定、优质提供稳固的营养基础。

二、作物养分缺乏症状示意图

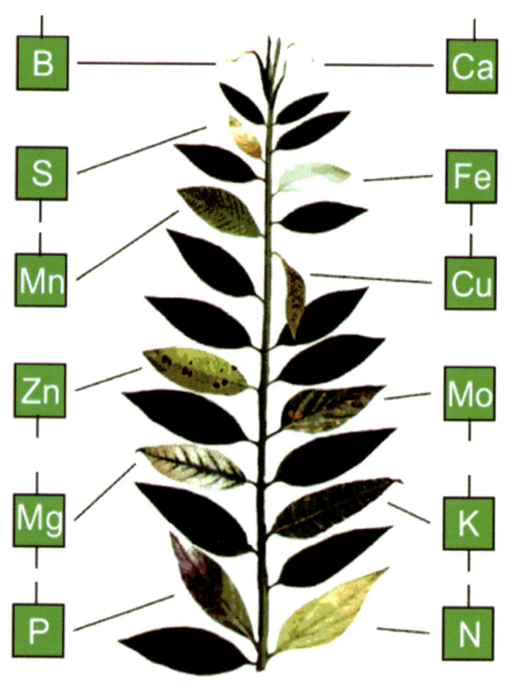

作物营养缺乏症状出现的部位示意图

症状首先出现在老叶上的养分有：氮、磷、钾、镁、锌、钼。

症状首先出现在新叶上的养分有：铜、硫、铁、锰。

症状出现在分生组织（顶端）的养分有：钙、硼。

三、柑橘缺氮症状及矫正技术

柑橘缺氮症状

老叶黄绿色至全叶发黄，可发展为整株叶片均发黄；新叶小而薄，淡绿至黄色；新梢细弱；果小、果少，皮薄且光滑，比正常果早着色；树势弱；缺氮严重时，会导致叶片脱落，枝条死亡。

柑橘树缺氮症状　　（鲁剑巍　拍摄）

柑橘叶片缺氮症状　　（佚名　拍摄）

越冬期柑橘叶片缺氮症状 （鲁剑巍 拍摄）

开花期柑橘缺氮症状 （鲁剑巍 拍摄）

结果期柑橘缺氮症状　　（鲁剑巍　拍摄）

缺氮发生原因

①主要与土壤氮素供应状况有关。我国几乎所有种植柑橘的果园若仅靠土壤供氮均会出现不足的问题。

②与气候条件有关。在多雨地区氮素易流失；土壤渍水或干旱等都会导致缺氮症状的发生。

③氮肥施用量少或施用方法不当（如表面撒施造成氮的大量损失）。

缺氮矫正技术

①合理确定氮肥施用量和施用时期。按目标产量和土

壤速效氮（或有机质）含量水平确定氮肥用量，一般每年每株柑橘施纯氮0.5～1.2千克，分3～4次施用。

②矫正缺素措施。一般用1%～1.5%尿素进行叶面喷施，最好是下午4时以后施用。

氮肥推荐用量及分配时期

柑橘氮肥的推荐用量可取决于土壤有机质含量和柑橘产量水平（表1）。20%的氮肥在秋季采果前后施用，40%的氮肥在柑橘开花前1个月左右施用，10%的氮肥于5月施用，结果少的旺树可不施或少施，结果多而长势中等或较弱的树要多施，30%的氮肥在6～7月作壮果肥施用。

表1　不同目标产量的柑橘氮肥推荐用量

土壤有机质（克/千克）	产量水平（吨/亩）			
	<1.5	1.5～2.0	2.0～2.5	>2.5
<7.5	>10	>15	>25	—
7.5～10	10	15	20	25
10～15	7	12	15	20
15～20	5	10	12	15
>20	<5	7	10	12

注：氮肥（N）用量单位为：千克/亩，为纯氮。

四、柑橘缺磷症状及矫正技术

柑橘缺磷症状

老叶暗绿至古铜色、无光泽，有时出现枯斑；新叶小、浓绿、发暗；枝梢纤细；春季开花期和开花后老叶大量脱落；花少；果皮粗厚。

柑橘缺磷症状　　（鲁剑巍 拍摄）

柑橘叶片缺磷症状　　（鲁剑巍 拍摄）

柑橘叶片缺磷症状　　（鲁剑巍 拍摄）

柑橘缺磷（右）果皮变厚　　（佚名　拍摄）

缺磷发生原因

①与土壤有效磷含量低有关。另外，磷在土壤中易被固定，有效性较低。

②在植株体内磷与其他营养元素含量有关。偏施氮肥易导致缺磷现象的发生。

③在干旱地区或干旱季节，土壤含水量低，磷素扩散受阻，易发生缺磷现象。

缺磷矫正技术

冬季或春季土壤增施磷肥，与有机肥配合施用，每株施过磷酸钙0.5～1.0千克，酸性土壤提倡用钙镁磷肥。

在矫治柑橘缺磷时，叶面喷施0.5%～1.0%过磷酸钙浸出液，或喷1%磷酸铵，每隔7～10天喷1次，连续2～3次。

磷肥推荐用量及分配时期

柑橘磷肥的推荐可根据土壤速效磷含量和柑橘目标产量进行（表2）。40%在秋季采果后施用，30%在开花前1个月前施用，30%在6～7月作壮果肥施用。

表2　不同目标产量的柑橘磷肥推荐用量

土壤速效磷（毫克/千克）	产量水平（吨/亩）			
	<1.5	1.5～2.0	2.0～2.5	>2.5
<15	>6	>8	>10	>12
15～30	6	8	10	12
30～50	4	6	8	10
>50	<2	<4	<6	<8

注：磷肥（P_2O_5）用量单位为：千克/亩，为纯磷。

五、柑橘缺钾症状及矫正技术

柑橘缺钾症状

老叶叶尖首先发黄，叶片略皱缩，随缺钾程度加重叶片逐渐由扭弯、卷曲、皱缩而呈杯状；新叶一般为正常绿色，但结果后期当年生叶片叶尖也会明显发黄，在高产脐橙上尤其严重。果小、着色不好，皮薄且光滑，果汁味淡。严重缺钾时，可导致叶落、梢枯、果落、果裂。

柑橘叶片缺钾症状　　（鲁剑巍　拍摄）

柑橘缺钾症状　　（鲁剑巍　拍摄）

柑橘缺钾（中、右）果实变小　　（佚名 拍摄）

柑橘叶片缺钾症状　　（鲁剑巍 拍摄）

缺钾发生原因

①土壤及气候因素。砂质土、红壤和冲积土等土壤钾的含量较低。砂质土壤或有机质含量低的土壤钾易于流失。滨海盐渍土等含钙、镁量高的土壤，由于钙和镁的拮抗作用，使钾的有效性降低。干旱导致土壤中钾的有效性降低。

②施肥因素。柑橘园长期不施钾肥或钾肥用量不足，导致土壤中钾的缺乏。

缺钾矫正技术

①叶面喷施钾肥。可采用0.5%硝酸钾或硫酸钾溶液，或1%～3%草木灰浸出滤液，或0.3%～0.5%磷酸二氢钾叶面喷施，5～7天1次，连续2～3次。

②每年土施一定量的硫酸钾等钾肥或草木灰等富含钾的农家肥料。成年树一般株施0.5～1.0千克硫酸钾。

钾肥推荐用量及分配时期

柑橘钾肥的推荐可根据土壤速效钾含量和柑橘目标产量进行（表3）。30%在秋季采果后施用，30%在2～3月开花前施用，40%在6～7月做壮果肥施用。

表3　不同目标产量的柑橘钾肥推荐用量

土壤速效钾（毫克/千克）	产量水平（吨/亩）			
	<1.5	1.5～2.0	2.0～2.5	>2.5
<50	>16	>20	>24	>28
50～100	16	20	24	28
100～150	12	16	20	24
>150	<8	8～12	10～16	16～20

注：钾肥（K_2O）用量单位为：千克/亩，为纯钾。

六、柑橘缺钙症状及矫正技术

柑橘缺钙症状

柑橘缺钙症状多于6月前后出现在春梢上，常发生在新生组织，当缺钙时生长点受损，根尖和顶芽生长停滞，根系萎缩，根尖坏死。新叶尖端发黄甚至变黑枯死；叶片和新梢抽出困难；新梢短，叶小；严重时，落叶、枝梢枯死；果小、颜色发青，成熟期推迟；果皮薄，易裂果。

柑橘缺钙新叶变黑 （佚名 拍摄）

柑橘缺钙症状 （鲁剑巍 拍摄）

柑橘新叶及新梢缺钙症状　　（鲁剑巍　拍摄）

柑橘缺钙出现裂果现象　　（鲁剑巍　拍摄）

缺钙发生原因

①通常在土壤酸度太高的情况下易导致缺钙。柑橘对钙的需求量较大，但由于在柑橘生产中常施石灰、过磷酸钙、钙镁磷肥及喷含钙的农药等，柑橘园缺钙的现象并不多见。

② 山坡地，或土质差、有机质含量低时，钙素易流失，会导致土壤缺钙。

③大量施用生理酸性的化肥，易使土壤酸化，会加速钙的流失。

④干旱年份土壤水分不足，氮和其他盐类浓度相应提高，影响根系对钙的吸收，也会发生暂时缺钙。

缺钙矫正技术

①叶面喷施钙肥。在新梢期喷0.3%～0.5%硝酸钙溶液或0.3%过磷酸钙浸出液。隔5～7天喷1次，连续喷2～3次。

②施用石灰或石膏。新垦殖的柑橘园，有机质缺乏且酸性大，易缺钙，建园时要施石灰。当土壤pH为5左右，砂质土每亩施熟石灰60千克，黏质土每亩施120千克。当土壤pH超过8.5时，应施用石膏，一般每亩用量为80～100千克。

七、柑橘缺镁症状及矫正技术

柑橘缺镁症状

缺镁时果实附近的叶片和老叶首先出现症状。缺镁初期，叶片先沿叶脉两侧产生不规则的黄色斑块，渐向两侧扩展，使叶脉间呈肋骨状黄化。后黄斑相互联合，叶片大部分为黄色，仅中脉及其基部的叶组织保持一块倒V形的绿色区。严重缺镁时，全叶变黄，遇不良条件时容易脱落，落叶枝条常在第二年春天枯死。症状全年均可发生，但以夏末或秋季果实近成熟时发生最多。

柑橘叶片缺镁典型症状　（鲁剑巍 拍摄）

柑橘缺镁症状　（佚名 拍摄）

柑橘叶片缺镁症状　（佚名　拍摄）

柑橘叶片缺镁症状　（鲁剑巍　拍摄）

柑橘缺镁症状　（鲁剑巍 拍摄）

缺镁发生原因

①酸性土壤和轻砂土中镁容易流失，尤其是山坡地，土壤中的交换性镁含量降低。

②钾肥和磷肥施用过多，影响橘树对镁的吸收，容易引起缺镁。果园中过多使用硫黄及石硫合剂药剂，容易使土壤显酸性，导致缺镁。

缺镁矫正技术

①在幼果期至果实膨大期，喷洒0.1%硝酸镁或0.2%

硫酸镁溶液，每隔7～10天1次，连喷3～5次。

②酸性土壤缺镁时选用钙镁磷肥作磷肥，与有机肥一起施用。钾肥选用硫酸钾镁作为肥源。

③每年每亩施氧化镁10～20千克或含镁石灰50～60千克。

八、柑橘缺硫症状及矫正技术

柑橘缺硫症状

新梢叶全叶发黄，随后枝梢也发黄，叶片变小，病叶提前脱落，而老叶仍保持绿色，形成明显的对比。在一般情况下，患病叶主脉较其他部位稍黄，尤以主脉基部和翼叶部位更黄，并易脱落，抽生的新梢纤细，多呈丛生状。柑橘缺硫还出现汁囊胶质化，橘瓣硬化。

柑橘缺硫症状　　（鲁剑巍　拍摄）

柑橘缺硫新老叶片比较　　（鲁剑巍　拍摄）

柑橘缺硫症状 （鲁剑巍 拍摄）

缺硫发生原因

柑橘产区多处于雨水较多的地区，硫酸根离子流失较多，为易缺硫地区。砂质土硫易流失，容易发生缺硫现象。长期施用不含硫化肥（包括高含量氮、磷、钾复合肥）的果园易发生缺硫现象。

缺硫矫正技术

柑橘缺硫时，可施用石膏和石硫合剂残渣，也可叶面喷施硫酸盐溶液，如0.3%硫酸锌、硫酸锰或硫酸铜等。对有机质贫乏的酸性红壤柑橘园，除每年应增施一定量有机质肥料外，还应施用石膏。石膏用量为每亩60千克。对有机质缺乏的石灰性或碱性盐渍土壤，可结合有机肥料施用硫黄粉，一般每亩1次可施硫黄粉15 ～ 20千克。

九、柑橘缺铁症状及矫正技术

柑橘缺铁症状

缺铁时首先表现为嫩梢叶片变薄、叶小，叶肉发黄，而叶脉仍为绿色；严重时，叶片除主脉保持绿色外，其他部位均变为黄色或白色，叶片易脱落；但老叶通常仍然保持绿色。同时枝条变得纤弱，上部弱枝逐渐枯死。果皮发黄，汁少味淡。

柑橘叶片缺铁典型症状　　（佚名　拍摄）

柑橘缺铁症状　　（鲁剑巍　拍摄）

柑橘缺铁症状 （姜存仓　拍摄）

柑橘叶片缺铁症状 （鲁剑巍　拍摄）

柑橘叶片缺铁症状　　（鲁剑巍　拍摄）

缺铁发生原因

①在石灰性土壤或pH较高的土壤上种植柑橘，缺铁是一个常见的问题。

②过量灌溉、土壤长期湿度过高、土壤温度过低也是缺铁的诱导因素。

③低温、干燥或盐类异常积累影响铁的吸收。

④磷肥施用过多易导致缺铁。

缺铁矫正技术

①在新梢生长期，每半个月喷1次0.1%～0.2%硫酸

亚铁或柠檬酸铁，或在树干上打孔，用高压方法注入硫酸亚铁、柠檬酸铁或多价螯合铁等溶液。

②土壤施用螯合铁肥或将硫酸亚铁与有机肥混合施用。

③在易发生缺铁产区，尽量选用铁素吸收率高的砧木，如枸头橙、本地早、资阳香橙、高橙和红橘等。

④做好排灌工作，防止旱涝发生。

十、柑橘缺锰症状及矫正技术

柑橘缺锰症状

缺锰时，柑橘幼叶叶脉间失绿呈淡绿色，而叶脉保持深绿色，当缺素叶片展开后，整个叶片呈现出网纹状，有时在主脉和侧脉出现不规则深色条带，严重时叶脉间出现不透明白色斑点，呈灰白色或灰色，病斑枯死，细小枝条死亡，其症状也出现在老叶上，但缺锰不影响叶片大小和形状。

柑橘叶片缺锰典型症状　　（佚名　拍摄）

柑橘幼叶缺锰症状　　（佚名　拍摄）

柑橘展开叶缺锰症状　　（佚名　拍摄）

柑橘缺锰症状　　（佚名　拍摄）

柑橘叶片缺锰症状　　（佚名　拍摄）

缺锰发生原因

①酸性或砂性土壤有效态锰易流失。

②石灰性紫色土和滨海盐土等碱性土壤，锰以不溶态存在，有效态锰含量低。

③土壤干旱造成有效态锰缺乏。严寒过后的春季常会发生缺锰。

缺锰矫正技术

①在新叶生长为完全展开叶的2/3时，叶面喷施含锰

肥料，可用0.2%～0.6%硫酸锰加1%～2%生石灰混合液，或用0.6%硫酸锰加石硫合剂喷洒。

②对于酸性土壤的柑橘园，可将硫酸锰混在肥料中施用。如在冬季穴施有机肥时混入硫酸锰，每亩用量3～4千克。

十一、柑橘缺锌症状及矫正技术

柑橘缺锌症状

柑橘缺锌，枝梢生长受阻，新梢纤细，节间变短，呈直立的矮丛状，严重时小枝枯死。叶片窄小，直立，呈丛生状，也称“小叶病”；叶肉褪绿，黄绿相间，叶脉间呈黄色斑驳，初为花叶，也称“花叶病”或“斑叶病”；严重时叶片呈淡黄色至白色，叶片易落。

柑橘缺锌与缺锰症状的区别

柑橘缺锌与缺锰症状有时易混淆，但可以区分。其主要区别是：缺锌叶片的褪绿部分颜色很黄，而缺锰的褪绿部分则带有绿色；缺锌的嫩叶小而狭，而缺锰的叶片则大小和形状基本正常；缺锌的老叶症状较不明显，缺锰的则老叶明显表现症状。

柑橘缺锌“花叶病”　　（鲁剑巍　拍摄）

柑橘缺锌症状　　（姜存仓　拍摄）

柑橘缺锌节间缩短　　（鲁剑巍　拍摄）

柑橘缺锌“小叶病”　　（姜存仓　拍摄）

缺锌发生原因

①在中性和石灰性土壤中，锌常变为不溶性的化合物，有效锌含量低。砂性土壤由于锌的流失也易缺锌。

②由于收获果实带走大量的锌，长期种植柑橘的老橘园，若未及时补充锌，土壤中的含锌量会显著下降。

③偏施氮肥，造成植株徒长，新梢叶片也会出现缺锌症状。大量施用磷肥会诱发作物缺锌。柑橘园施用石灰量过大或长期施用石灰也可能诱发缺锌。

缺锌矫正技术

①在春梢抽发时，叶面喷洒0.2%～0.3%硫酸锌溶液（可与石硫合剂混配），或0.1%～0.2%氧化锌矫治。

②对于酸性土壤，也可土施硫酸锌，每株50克左右，但中性或石灰性土壤，土施锌肥无效。

③石灰性土壤可施用生理酸性肥料，以调节土壤pH，减轻缺锌程度。

十二、柑橘缺硼症状及矫正技术

柑橘缺硼症状

缺硼初期新梢叶出现水渍状斑点，叶片变形，叶脉发黄增粗，叶片向后弯曲，叶背有黄色水渍状斑点，老叶失去光泽，严重的主、侧脉木栓化破裂，叶片容易脱落。幼果在缺硼初期出现乳白色微凸小斑，严重时出现下陷的黑斑，落果现象严重。残留的果实小，坚硬，果面有赤褐色疤斑，果皮厚、畸形，果汁少，种子败育，果肉干瘪而无味。

柑橘缺硼典型症状　　（鲁剑巍　拍摄）

柑橘缺硼症状　　（王运华　拍摄）

柑橘叶片缺硼症状　　（鲁剑巍　拍摄）

柑橘叶片缺硼症状　　（姜存仓　拍摄）

柑橘缺硼缺镁综合症状　　（鲁剑巍　拍摄）

柑橘果实缺硼症状　　（姜存仓　拍摄）

柑橘成熟果实（左）缺硼症状　　　　（张承林　拍摄）

缺硼发生原因

①由于成土母质本身含硼量较低，又因降雨过多淋溶作用而损失。其中红壤含硼量低，普遍缺硼，并常常出现缺硼、缺镁综合症状。

②高温和干旱，及施用氮、磷、钙过多诱导缺硼。

缺硼矫正技术

①春梢萌发后至盛花期喷2～3次0.05%～0.1%硼酸溶液或0.1%～0.2%硼砂溶液。

②硼肥土施，最好与有机质肥配合施。应根据树体大小确定施用量，一般情况下，小树每株施硼砂10～20克，大树每株施30～40克。注意柑橘需硼量范围较窄，过多易产生中毒。

十三、柑橘缺钼症状及矫正技术

柑橘缺钼症状

新梢成熟叶片出现近圆形或椭圆形黄色至鲜黄色斑块，俗称“黄斑病”；叶背斑驳部位呈棕褐色，并可能流胶形成褐色树脂；叶表面的病斑光滑，叶背面病斑处稍肿起，且满布胶质，严重时会引起落叶；有时叶尖和叶缘枯焦，嫩叶内卷略呈杯状。

柑橘缺钼症状　　（鲁剑巍　拍摄）

柑橘叶片缺钼“黄斑病”　　（鲁剑巍　拍摄）

纽荷尔脐橙叶片缺钼症状　　　　　　（姜存仓　拍摄）

缺钼发生原因

①强酸性红壤柑橘园，钼被土壤固定，有效钼含量低。

②土壤中磷不足时，钼的吸收率降低；硫酸盐肥料施用过多，钼的吸收被抑制，容易发生缺钼。

缺钼矫正技术

①叶面喷施0.01％～0.1％钼酸铵或钼酸钠溶液，

一般在抽梢后的新叶期或幼果期进行喷施为宜，以喷湿为度。

②对酸性土壤，增施石灰，调节pH，保持土壤pH5.5 ~ 6.5。

十四、柑橘施肥建议

柑橘施肥原则

针对目前柑橘种植和施肥存在的瘠薄果园面积大、忽视有机肥的施用和土壤改良培肥、肥料用量及养分配比和施肥方法不合理、营养元素缺乏等问题，提出以下施肥原则：

①重视有机肥料的施用，大力发展果园绿肥，实施果园覆盖。

②酸化严重的果园，适量施用石灰。

③根据柑橘品种、果园土壤肥力状况，优化氮、磷、钾肥用量以及施肥时期和分配比例，适量补充钙、镁、硼、锌等中微量元素。

④施肥方式改全园撒施为集中穴施或沟施。

⑤施肥与水分管理和高产、优质栽培技术结合，干旱季节尤其是春旱期间应遇雨或结合灌溉施肥。

柑橘施肥建议

针对主要柑橘产区的土壤养分状况，根据高产、优质柑橘对养分的需求特点，提出以下施肥建议：

①亩产3 000千克以上：有机肥2 ～ 4米^3/亩，氮肥（N）25 ～ 33千克/亩，磷肥（P_2O_5）8 ～ 12千克/亩，钾肥（K_2O）20 ～ 30千克/亩；亩产1 500 ～ 3 000千克：有机肥2 ～ 4米^3/亩，氮肥（N）20 ～ 25千克/亩，磷肥（P_2O_5）8 ～ 10千克/亩，钾肥（K_2O）18 ～ 25千克/亩；亩产1 500千克以下：有机肥2 ～ 3米^3/亩，氮肥（N）15 ～ 20千克/亩，磷肥（P_2O_5）6 ～ 8千克/亩，钾肥（K_2O）12 ～ 20千克/亩。

②春季施肥（萌芽肥或花前肥）：30% ～ 40%的氮肥、30% ～ 40%的磷肥、20% ～ 30%的钾肥在2 ～ 3月萌芽前开沟土壤施用；对于树势较弱的果树，在花蕾期和幼果期，用0.3%尿素+0.2%磷酸二氢钾进行叶面施肥。夏季施肥（壮果肥）：30% ～ 40%的氮肥、20% ～ 30%的磷肥、40% ～ 50%的钾肥在6 ～ 7月施用。秋冬季施肥（采果肥）：20% ～ 30%的氮肥、40% ～ 50%的磷肥、20% ～ 30%的钾肥、全部有机肥和硼、锌肥在11 ～ 12月采果前后施用。

③缺硼、锌的果园，每亩施用硼砂0.5 ～ 0.75千克、

硫酸锌1～1.5千克，与有机肥混匀后于秋季使用。春夏季缺硼果园在幼果期用0.1%～0.2%硼砂溶液，每隔10～15天喷1次，连续喷施2～3次；缺锌的果园用0.1%～0.2%硫酸锌溶液，在幼果期喷施；pH<5.5的果园，每亩施用石灰或白云石粉60～80千克，50%秋季施用，50%夏季施用，连年施用情况下需要逐步减量。

附表　常见肥料及其养分含量

附表1　常见氮肥品种及养分含量

名　　称	分子式	N含量（%）
尿素	$CO(NH_2)_2$	46
硫酸铵	$(NH_4)_2SO_4$	20～21
氯化铵	NH_4Cl	24～25
碳酸氢铵	NH_4HCO_3	17
磷酸一铵	$NH_4H_2PO_4$	10～12
磷酸二铵	$(NH_4)_2HPO_4$	18
硝酸钾	KNO_3	13
硝酸铵	NH_4NO_3	34～35
硝酸钙	$Ca(NO_3)_2$	15～18
石灰氮	$CaCN_2$	20～22

附表2　常见磷肥品种及养分含量

名　　称	P_2O_5含量（%）	磷存在形态
普通过磷酸钙	12～20	水溶态
重过磷酸钙	42～50	水溶态
钙镁磷肥	12～20	枸溶态
磷矿粉	10～30	难溶态
磷酸二氢钾	52	水溶态
磷酸一铵	50～52	水溶态
磷酸二铵	46	水溶态

附表3　常见钾肥品种及养分含量

名　　称	分子式	K_2O含量（%）
硫酸钾	K_2SO_4	40～50
氯化钾	KCl	60
硝酸钾	KNO_3	46
磷酸二氢钾	KH_2PO_4	34
硫酸钾镁肥	$K_2SO_4 \cdot MgSO_4$	22

附表4　常见钙肥品种及养分含量

品　　种	CaO含量（%）
生石灰（石灰岩烧制）	90～96
生石灰（牡蛎、蚌壳烧制）	50～53
生石灰（白云石烧制）	26～58
熟石灰（消石灰）	64～75
石灰石粉（石灰石粉碎而成）	45～56
生石膏（普通石膏）	26～32
熟石膏（雪花石膏）	35～38
磷石膏	20.8
普通过磷酸钙	16.5～28.0
重过磷酸钙	19.6～20.0
钙镁磷肥	25～30
钢渣磷肥	35～50
骨粉	26～27
氯化钙	47.3
硝酸钙	26.6～34.2
石灰氮	54

附表5　常见镁肥品种及养分含量

名　　称	Mg含量（%）
氯化镁	12.0
硝酸镁	10.0
硫酸镁（泻盐）	9.6
硫酸镁（水镁矾）	17.4
硫酸钾镁（钾泻盐）	8.4
石灰石粉	4.2
生石灰（白云石烧制）	8.4
菱镁矿	27.0
光卤石	8.8
钙镁磷肥	8.7
钢渣磷肥（碱性炉渣）	2.3
钾镁肥	16.2
硅镁钾肥	9.0

附表6　常见硫肥品种及养分含量

名　　称	S含量（%）
石膏	18.6
硫酸铵	24.2
硫酸钾	17.6
硫酸镁	13
硫酸钾镁	22
硫硝酸铵	12.1
普通过磷酸钙	13.9
青矾	11.5
硫黄	95～99

附表7 常见铁肥品种及养分含量

名称	Fe含量（%）	适宜施肥方式
硫酸亚铁	19	基肥、叶面追肥
三氯化铁	20.6	叶面追肥
硫酸亚铁铵	14	基肥、叶面追肥
尿素铁	9.3	叶面追肥
螯合铁	5～12	叶面追肥

附表8 常见锰肥品种及养分含量

名称	Mn含量（%）	适宜施肥方式
硫酸锰	31	基肥、叶面追肥
氧化锰	62	基肥
碳酸锰	43	基肥
氯化锰	27	基肥、叶面追肥
硫酸铵锰	26	基肥、叶面追肥
硝酸锰	21	叶面追肥
锰矿泥	9	基肥
含锰炉渣	1～2	基肥

附表9 常见铜肥品种及养分含量

品种	Cu含量（%）	适宜施肥方式
硫酸铜	25～35	基肥、叶面施肥
碱式硫酸铜	15～53	基肥、叶面追肥
氧化亚铜	89	基施
氧化铜	75	基施
含铜矿渣	0.3～1.0	基施

附表10 常见锌肥品种及养分含量

名称	Zn含量（%）	适宜施肥方式
硫酸锌	20～23（七水）	基肥、叶面追肥
	35（一水）	基肥、叶面追肥
氧化锌	78～80	基肥、叶面追肥
氯化锌	46～48	基肥、叶面追肥
硝酸锌	21.5	基肥、叶面追肥
锌氮肥	13	基肥、叶面追肥
螯合锌	6～14	叶面追肥

附表11 常见硼肥品种及养分含量

名称	B含量（%）	适宜施肥方式
硼砂	11.3	基施、叶面追施
硼酸	17.5	基施、叶面追施
硬硼钙石	10～16	基施
五硼酸钠	18～21	种肥、叶面追肥
硼钠钙石	9～10	基施

附表12 常见钼肥品种及养分含量

钼肥名称	Mo含量（%）	适宜施肥方式
钼酸铵	50～54	基肥、叶面追肥
钼酸钠	35～39	基肥、叶面追肥
三氧化钼	66	基肥
含钼废渣	10	基肥

图书在版编目（CIP）数据

柑橘常见缺素症状图谱及矫正技术/鲁剑巍等编著.—北京：中国农业出版社，2010.8（2023.6重印）
（作物常见缺素症状系列图谱）
ISBN 978-7-109-14800-0

Ⅰ．①柑… Ⅱ．①鲁… Ⅲ．①柑橘类果树–植物营养缺乏症–图谱 Ⅳ．①S436．66–64

中国版本图书馆CIP数据核字（2010）第137724号

中国农业出版社出版
（北京市朝阳区农展馆北路2号）
（邮政编码100125）
责任编辑　郭银巧　贺志清

中农印务有限公司印刷　　新华书店北京发行所发行
2010年8月第1版　　2023年6月北京第6次印刷

开本：889mm×1194mm　1/32　　印张：2.5
字数：43千字
定价：15.00元